AF332655

QUELQUES CONSIDÉRATIONS

SUR LES

THÉORIES DE L'ACCROISSEMENT

PAR COUCHES CONCENTRIQUES,

DES ARBRES

MUNIS D'UNE VÉRITABLE ÉCORCE (ARBRES DICOTYLÉS).

THÈSE

PRÉSENTÉE A LA FACULTÉ DES SCIENCES DE PARIS,

le 28 août 1840,

POUR LE DOCTORAT ÈS SCIENCES NATURELLES;

Par ADOLPHE CHATIN,

INTERNE ET PREMIER LAURÉAT DES HÔPITAUX CIVILS DE PARIS.

PARIS.

IMPRIMERIE DE FAIN ET THUNOT,

RUE RACINE, Nº 28, PRÈS DE L'ODÉON.

1840.

QUELQUES CONSIDÉRATIONS

THÉORIES DE L'ACCROISSEMENT

PAR COUCHES CONCENTRIQUES,

DES ARBRES

MUNIS D'UNE VÉRITABLE ÉCORCE (ARBRES DICOTYLÉS) (*).

----•••----

Chaque année, le tronc des arbres dicotylés augmente en diamètre, et parmi plusieurs phénomènes qui concourent à ce résultat, le plus important est, sans contredit, l'addition annuelle d'une couche ligneuse et d'une couche d'écorce aux formations des années précédentes. Si la production des nouvelles couches est un fait sur lequel sont d'accord tous les physiologistes, il n'en est pas de même de son explication ; ici commence une divergence remarquable dans leurs opinions qui ne s'accordent guère qu'en ceci : que le foyer où s'élaboreraient les formations nouvelles, serait placé au point de contact du bois et de l'écorce.

Malpighi a dit que les couches ligneuses étaient

(*) Cette thèse est extraite d'un travail étendu que je publierai, peut être un jour dans son entier.

dues à la transformation du liber, ou de la partie la plus intérieure de l'écorce (1).

Quelques passages de Grew (2) ont fait penser à Duhamel, à M. de Candolle, etc., que ce célèbre physiologiste avait regardé le bois comme une simple émanation de l'écorce; mais ce n'est réellement que depuis les travaux de Duhamel que cette théorie se trouve clairement formulée.

Hales adopta une opinion tout opposée à celle-ci, et admit non-seulement que le bois nouveau naissait de l'ancien, mais que l'écorce n'avait pas une origine différente (3).

Une autre théorie, dont on trouve les éléments dans l'anatomie des plantes de Grew, et que lui attribuent avec juste raison MM. de Mirbel, Knight, Lindley, consiste à regarder la nouvelle couche ligneuse comme produite par l'ancien bois, tandis que l'écorce formerait de son côté un nouveau feuillet cortical. Cette théorie, qui participe des deux précédentes, est adoptée aujourd'hui par le plus grand nombre des savants; encore imparfaitement établie au temps de Duhamel qui la désigne sous le nom de *sentiment commun*, les travaux de MM. Cotta, de Mirbel, Kieser, Dutrochet, etc., lui ont donné beaucoup plus de précision. Le cambium que M. de Mirbel nomme la *matière régénératrice* des végé-

---

(1) *Anatome plantarum.*
(2) *Anatomy of plants.*
(3) *Statique des végétaux.*

taux, et qui se montre au printemps entre le bois et l'écorce, se partagerait de manière à déterminer la production d'une nouvelle couche corticale sous l'écorce, d'une nouvelle couche ligneuse sur le bois.

Philippe de La Hire écrivait en 1708 que les couches ligneuses n'étaient autre chose que les racines des bourgeons, qui descendaient entre le bois et l'écorce (1). Cette doctrine hardie, dont on peut trouver la source dans les écrits de Reneaume, était depuis cent ans dans l'oubli, quand elle se présenta de nouveau à l'esprit de Du Petit-Thouars, qui la développa avec habileté et constance.

M. Turpin a aussi exposé une théorie particulière.

Ce savant admet que les nouvelles couches corticales se forment non plus en dedans des couches plus anciennes, ainsi qu'on s'accordait à l'admettre, mais en dehors de celles-ci, sous cette partie parenchymateuse connue sous le nom d'enveloppe herbacée. Quant aux couches ligneuses, elles seraient formées par la transformation des couches corticales intérieures, les mêmes qui, dans la théorie de M. Turpin, seraient les plus anciennes (2). On voit en quoi cette opinion diffère et se rapproche de celle de Malpighi; comme Malpighi, M. Turpin admet que le bois est produit par les couches intérieures de l'écorce transformées; mais il en diffère en ce que pour lui cette partie de l'écorce est la plus ancienne, tandis que,

---

(1) *Mémoires de l'Académie des sciences*, 1708.
(2) *Annales des sciences naturelles*, 1831 et 1832.

suivant Malpighi et tous les physiologistes (1), elle est la plus nouvelle.

M. Raspail (2) s'écarte encore plus des idées généralement admises ; l'écorce serait, d'après ce savant, une modification de l'aubier, et celui-ci, loin d'être le jeune bois, ainsi que l'ont pensé jusque alors tous les physiologistes, serait du bois d'ancienne formation, du bois mûr ; le *duromen* ou *cœur du bois* étant au contraire la partie ligneuse la plus jeune, de telle sorte que l'aubier lui-même n'en serait qu'une modification.

Comme on le voit, il est impossible de répudier d'une manière plus absolue tout ce qu'ont écrit les physiologistes jusqu'à ce jour.

Esssayons d'apprécier ces diverses doctrines.

La théorie de Malpighi fut d'abord généralement acceptée. Duhamel lui prêta l'appui de ses ingénieuses expériences (3), et un grand nombre de savants célèbres y eurent recours pour l'explication d'une foule de phénomènes. Parmi les physiologistes dont les écrits contribuèrent à l'établir, je citerai Parent, Fougeroux de Bondaroi, Lhéritier, Palissot de

---

(1) M. Girou de Busareingues paraît avoir constaté que dans quelques cas les nouvelles formations corticales ne sont pas les plus intérieures : mais ce ne serait là qu'un phénomène exceptionnel.— *Annales des sciences naturelles*, 1833.

(2) *Nouveau système de physiologie.*

(3) *Mémoire de l'Ac. des sc.*, 1751, et *Physique des arbres*, liv. IV.

Beauvoir, et plus récemment MM. de Mirbel, Cotta et Treviranus (1); mais ces derniers s'aperçurent bientôt que les faits sur lesquels s'appuyait la théorie qu'ils avaient acceptée étaient inexacts, et changeant la direction de leurs efforts, ils renversèrent à jamais une doctrine qui, pendant plus de cent ans, avait fait loi en physiologie. MM. de Mirbel et Cotta nous apprirent que lorsque des fils métalliques sont passés dans l'écorce, ils sont constamment rejetés au dehors, au lieu de passer dans le bois, ainsi que l'avait soupçonné Duhamel. M. Knight (2) démontrait, de son côté, par des expériences très-bien faites, que l'écorce ne se change point en bois; et plus tard, MM. Kieser (3) et de Mirbel (4) confirmaient cette conclusion par l'anatomie comparative de l'écorce et du bois, ainsi que par l'observation de leur développement. Des preuves de trois ordres, expérimentales, organogéniques et anatomiques, vinrent donc changer nos idées sur la doctrine de Malpighi.

Dans la discussion de la théorie qui considère les couches de l'aubier comme une sorte d'émanation de l'écorce, j'ai décomposé la question en plusieurs autres, que je me suis efforcé de résoudre par la comparaison des faits que possède la science. C'est ainsi

(1) *Von inwendigen Bau der Gewächse.......* Gottingen, 1806.
(2) *Philosophical transact.*, 1808.
(3) *Mémoire sur l'organisation des plantes.* Harlem, 1812.
(4) *Bull. de la Soc. philom.*, 1816. — *Mém. de l'Acad. des sc.*, 1827. — *Élém. de physiol. vég. et de botan.*, t. I, p. 32 et 33, 1815.

que j'examine successivement : 1° s'il est démontré que l'écorce séparée de l'axe ligneux puisse se charger d'une couche de bois à sa surface interne; 2° si ce bois est de la nature de l'écorce, ou de celle du bois antérieurement formé ; 3° si la production par l'écorce d'un bois de même nature qu'elle constitue un phénomène général, ou n'a lieu que dans des conditions exceptionnelles. Par là, il m'a été possible d'arriver à quelques conclusions importantes par leur généralité, et de faire disparaître le désaccord qu'offraient des observations dues à des savants distingués.

Et d'abord, du bois peut-il se montrer à la surface de l'écorce éloignée de l'axe ligneux ? Cette question est résolue affirmativement par les observations de Reneaume (1) et les expériences de Duhamel, de Lùdot, de Du Petit-Thouars (2), qui ont vu des feuillets ligneux se former sous des lambeaux d'écorce qui n'adhéraient au tronc que par leurs extrémités. Les phénomènes de gelivure, observés après les hivers rigoureux de 1709 et de 1796, par Duhamel et Buffon (3), par Lhéritier (4), et dès lors par plusieurs autres physiologistes, suffiraient d'ailleurs seuls à prouver que l'écorce peut produire du bois, puisque les couches ligneuses formées postérieurement à l'action de la gelée ne purent tirer leur origine que de l'écorce, qui seule avait conservé sa vitalité.

---

(1) *Mém. de l'Acad. des sc.*, 1711.
(2) *Essai sur la séve.*
(3) *Mém. de l'Acad. des sc.*, 1737.
(4) *Mém. de l'Inst. nation.*, I.

Quant à la nature du bois produit à la surface de l'écorce, il résulte des observations précédentes et d'expériences dues à M. de Mirbel, qu'elle est la même que celle de l'écorce. C'est ainsi que le correspondant de Duhamel, ayant greffé sur des peupliers des anneaux d'écorce enlevés à des saules, remarqua que le bois produit sous les anneaux était verdâtre comme le bois de saule, et non blanc comme celui de peuplier; et que Duhamel, ayant porté sur des pruniers des écussons de pêcher, trouva, à la fin de l'année, de petites lames de bois de pêcher à la surface interne des écussons : la transposition d'une zone d'écorce d'érable rouge sur le sycomore donna de semblables résultats à M. de Mirbel (1), et comme le fait remarquer ce profond physiologiste, le nouveau bois formé sous l'écorce n'offre pas seulement la couleur du bois de cette dernière, il en a tout le grain, toute la texture, et il n'est pas permis de penser qu'il soit de même nature que le bois du sujet. Si mon témoignage pouvait avoir quelque poids après celui de ce savant, je dirais qu'ayant examiné la pièce qui a fait le sujet de son expérience, j'ai parfaitement vu le changement de structure qu'éprouve, à ses limites supérieure et inférieure, où il se continue avec celui du sujet, le bois formé horizontalement sous l'anneau.

En même temps que ces faits démontrent que l'écorce peut produire du bois de même nature qu'elle, ils établissent que la formation des couches ligneuses est *locale*, et que loin de venir *d'en haut*, elles s'organisent *horizontalement*.

Si maintenant nous recherchons le degré de généralité qu'offre le caractère qui vient d'être reconnu à l'écorce, nous rencontrons un fait qui semble d'abord le contredire de la manière la plus absolue, mais qui, mieux analysé, en limite seulement la généralisation. M. Knight ayant greffé sur le pommier cultivé (*apple-tree*) des zones d'écorce prises au pommier sauvage (*crab-tree*), s'assura que la couche ligneuse qui s'était formée pendant l'année sous la zone d'écorce étrangère, ne participait en rien de la nature de celle-ci. Cette couche offrait la surface lisse et unie du bois de pommier cultivé, et non l'aspect raboteux de l'aubier du pommier sauvage. M. Knight conclut, et avec raison, que l'écorce ne se changeait pas en bois, mais il alla trop loin en admettant que le bois nouveau ne pouvait, dans aucune condition, être de même nature que l'écorce : c'est ce qui se déduit des expériences de Duhamel et de M. de Mirbel.

On s'étonnerait à bon droit de me voir admettre des résultats aussi diamétralement opposés que ceux qui précèdent, si je n'exposais les raisons qui m'ont déterminé. La divergence des résultats obtenus d'un côté par Duhamel et M. de Mirbel, de l'autre par Knight, me disposa d'abord à douter qu'ils fussent tous exacts.

Je dus analyser avec soin les détails des expériences. Les précautions avec lesquelles M. Knight avait procédé à ses observations, la netteté des résultats, ne me permirent pas de douter que le bois formé sous l'écorce transposée ne fût de même nature que celui du sujet. D'un autre côté, la concordance des faits observés par Duhamel, et son correspondant avec ceux que venait de constater M. de Mirbel, la distinction rigoureuse que ce savant avait faite du bois du sujet et des couches ligneuses formées sous l'anneau d'écorce, me convainquirent que la conclusion qu'il avait portée était juste, et que s'il était vrai que l'écorce ne se transformait pas en aubier, il n'était pas moins certain qu'elle pouvait en produire de même nature qu'elle.

Fixé sur l'exactitude de résultats contradictoires, il me restait à trouver la cause de la différence observée. M. Knight avait consigné que dans ses expériences, le bois produit sous la zone d'écorce adhérait intimement, sans aucune ligne sensible de séparation, avec les couches du sujet, tandis que Duhamel et Ludot avaient constamment observé une roulure, ou solution de continuité, entre les productions ligneuses attribuées à l'écorce et l'aubier du sujet. Or, une différence dans les conditions de l'expérience, en déterminant la séparation ou l'adhérence du bois nouvellement produit avec celui antérieurement formé, n'était-elle pas la cause de la diversité des résultats ? Il était permis de le penser, et, en examinant de ce point de vue les expériences déjà citées, je fus conduit à placer parmi les vérités de la science ce que je n'avais considéré que comme une simple conjecture. M. de Mirbel ne nous avait point appris, en rendant compte de son expérience sur le

sycomore, si le nouveau bois, qui était de même nature que l'écorce greffée, adhérait ou non avec l'aubier du sujet. Porté, comme on l'a vu, à penser que
la nouvelle production ligneuse ne devait point ad-
hérer à l'ancienne, par cela seul qu'elle était de nature différente, je désirai voir la pièce de l'expérience,
que conserve M. de Mirbel, et qu'il mit obligeam-
ment à ma disposition. Je remarquai, non sans quelque satisfaction, que le fait était tel que je l'avais
prévu, et qu'une roulure très-étroite, mais toutefois
parfaitement nette, séparait le bois produit sous l'é-
corce de celui du sujet. Ainsi se trouvait vérifiée mon
hypothèse, et s'accordaient tout naturellement des
résultats qui semblaient inconciliables.

Mais ces deux classes de faits, la formation du
bois par le bois, la formation de l'écorce par l'écorce,
ne peuvent être également générales, et il nous
reste à décider laquelle des deux est la loi, laquelle
est l'exception.

La réponse à cette question est facile. En effet, si je
considère que le bois produit sous l'écorce ne se
forme dans des conditions normales que lorsque sa
continuité n'est point interrompue avec le bois antérieurement formé, et qu'alors sa nature se trouve la
même que celle du sujet, je serai fondé à conclure
que la production du bois par le bois, constatée par
les expériences de Knight, est la loi générale qui pré-
side à la formation des couches ligneuses. C'est ainsi
que par cette considération seule j'arrive à une conséquence déjà déduite par MM. de Mirbel, Dutro-

chet, Cotta, Kieser, etc., d'observations d'un autre ordre.

Si, d'un autre côté, je remarque que, lorsque les formations ligneuses produites sous les zones d'écorce n'adhèrent pas au bois du sujet, elles se trouvent par cela même s'être développées dans des conditions anormales; si je remarque qu'alors le bois formé sous l'écorce, de même nature que celle-ci, diffère de celui du sujet, il me sera permis de conclure que la production par l'écorce d'un bois de même nature qu'elle, constatée par les expériences de Duhamel et de M. de Mirbel, est une exception à la loi générale; mais une exception constante dans certaines conditions, et que nous pouvons regarder comme la loi exceptionnelle.

Nous venons de voir que la séparation ou la continuité du bois nouveau avec l'ancien, pouvait faire varier sa nature, il ne reste plus, pour satisfaire notre esprit sur ce sujet, que de déterminer à quelles causes se rattache l'adhérence ou la discontinuité des formations ligneuses. Ces causes, qui me paraissent être de deux sortes, se trouveraient dans l'affinité plus ou moins grande des individus greffés ensemble, et dans la compression plus ou moins forte des anneaux d'écorce sur le sujet. M. Knight était dans les conditions les plus favorables pour que la greffe fût parfaite, puisqu'il greffait l'une sur l'autre deux variétés d'une même espèce, tandis que M. Duhamel et M. Mirbel ont opéré sur des espèces différentes.

On voit comment les résultats les plus contraires et les plus importants s'enchaînent à des circonstances qui semblent minimes ; ainsi, suivant qu'on opérera sur des sujets dont l'affinité ne sera pas toujours égale, suivant que l'on fera varier le degré de tension des ligatures, les nouvelles couches ligneuses seront continues, on non adhérentes au bois du sujet, et leur nature présentera des différences correspondantes.

Quant à la production des nouvelles couches corticales par l'écorce, c'est un fait général trop universellement admis pour qu'il soit nécessaire d'en rappeler ici la démonstration.

Les considérations auxquelles m'a entraîné l'examen de la théorie précédente, m'ont fait anticiper sur ce que j'avais à dire de l'opinion de Hales. Je ne reviendrai donc pas sur la propriété que nous avons reconnue au bois de produire ses nouvelles couches, propriété sur laquelle repose la formation normale et générale de ces parties. Mais si la théorie de Hales exprimait une vérité générale, quant à la formation du bois par le bois, il n'en est pas ainsi lorsqu'elle attribue à l'écorce une semblable origine. En effet, des observations extrêmement nombreuses prouvent que, dans les conditions naturelles, les nouvelles couches corticales naissent de celles précédemment formées, et que ce n'est que dans des cas exceptionnels qu'elles tirent leur origine du bois. Celui-ci ne tend en effet à produire une nouvelle écorce que

quand sa surface est mise à nu , mais alors il ne de-
mande, pour pouvoir former cette dernière , qu'une
protection suffisante contre les agents extérieurs ;
c'est ainsi que Duhamel, Beauvois , MM. Knight et
Cotta ont observé la reproduction de l'écorce sur
des troncs qu'ils protégèrent par une enveloppe ,
après les avoir complétement décortiqués.

M. Cotta a observé à ce sujet que les arbres re-
produisent d'autant plus facilement leur écorce,
qu'ils ont des rayons médullaires plus grands (1) , et
tous s'accordent à dire que la matière mucilagineuse
(le cambium) qui doit former la nouvelle écorce ,
sort en grande abondance des extrémités des rayons
médullaires.

Il résulte de cet examen que la formation du bois
par le bois est un phénomène naturel et général ,
tandis que l'écorce ne se rapporte à la même origine que dans des conditions particulières. La théorie de Hales renferme donc, comme la précédente,
une vérité générale, et une vérité particulière. Elle
consacre une loi , quant à la production de l'aubier
par l'aubier ; et n'offre plus qu'un fait exceptionnel
dans la formation de l'écorce par celui-ci.

Chacun admirera la nature qui ne s'écarte de sa
marche ordinaire que pour assurer la conservation
de l'individu. Voyez cet arbre privé d'écorce, il pé-
rirait, si à côté de la loi générale, qui fait naître les

---

(1) *Naturbeobachtungen über die bewegung und Funktion des saftes....* Weimar, 1806.

2

couches corticales de celles qui les ont précédées, ne se trouvait la loi exceptionnelle, suivant laquelle le bois peut former une nouvelle écorce dans les conditions actuelles. De même, cette foule d'arbres surpris par un hiver rigoureux, et dont l'axe ligneux a complétement gelé, périraient sans retour, si l'écorce qui seule a conservé la vie n'avait la propriété de produire une nouvelle couche d'aubier.

J'arrive à la théorie de Grew ; moins exclusive que les deux précédentes, elle emprunte à chacune d'elles ce qu'elles nous ont offert de général : à la première elle prend la production de l'écorce par l'écorce ; à la seconde celle du bois par le bois. Réunissant les deux lois normales que nous avons reconnues, elle paraît être essentiellement l'expression des phénomènes naturels ; mais aussi, et par cela même, elle ne comprend point les deux lois exceptionnelles que j'ai fait ressortir, et on aurait tort de la regarder comme une théorie absolue.

Au reste, la doctrine de Grew ne se contente point d'établir la formation des nouvelles couches corticales et ligneuses par celles qui les ont respectivement précédées ; donnant une attention spéciale au cambium, elle porte plus loin que les théories précédentes l'analyse des phénomènes et les recherches étiologiques. C'est ici qu'on observe quelque divergence parmi les savants qui jusque-là avaient marché d'accord ; les uns, et à leur tête M. de Mirbel, admettent que le

cambium est une matière organisée, qui se partage
en deux couches contiguës à l'aubier et à l'écorce,
dont elles recevraient une *impulsion organisatrice*,
sorte de *fécondation tissulaire*, à la suite de laquelle
la couche de cambium contiguë à l'aubier formerait
une nouvelle couche d'aubier semblable à la précédente, en même temps que le cambium contigu à
l'écorce se changerait en une nouvelle couche corticale ; d'autres savants paraissent admettre, avec
MM. Dutrochet et Richard, que le cambium ne se
convertirait pas sur place en de nouvelles couches
d'aubier ou d'écorce, mais déterminerait comme
aliment, l'extension des tissus contigus de l'aubier et
de l'écorce. Chacune de ces opinions s'appuie sur des
considérations d'une valeur incontestable, mais que
je ne puis exposer et encore moins discuter ici.

Je dirai toutefois que la manière de voir de M. de
Mirbel me semble mieux se concilier avec l'ensemble
des observations.

Les preuves de la doctrine de Grew, considérée
dans sa généralité, sont nombreuses et précises, et
se rattachent à la fois à l'anatomie et à l'organogénie;
aussi cette doctrine est-elle adoptée par le plus grand
nombre des physiologistes. Au nombre des savants
qui ont le plus contribué à la répandre, on doit
compter après Grew, son illustre auteur, Mustel (1),
Sénebier (2), Hedwig, Bosc d'Antin, Desfontaines,
Cassini, Cotta (3), Link (4) qui y apportait toutefois

---

(1) *Traité de la végét.* — (2) *Physiol.* — (3) l. c. — (4) *Grundlehren
der anatomie und physiologie der Pflauzen*, 1807.

quelques modifications, MM. Kieser (1), de Mirbel (2), Féburier (3), Dutrochet (4), Richard (5), Dumortier (6), Girou de Busareingues (7) et de Candolle (8).

Je ne rappellerai point ici les faits connus de tous les physiologistes, et qui viennent à l'appui d'une théorie adoptée par tant de savants illlustres ; je vais me borner à lever quelques objections auxquelles il n'a pas encore été répondu.

Un botaniste anglais fort distingué, M. Lindley (9), objecte à la théorie qui trouve dans le cambium l'origine des couches ligneuses, que toute la classe des Monocotylés manque de cambium, et que dès lors on serait obligé de lui chercher une théorie d'accroissement particulière, ce qui s'accorderait peu avec la simplicité des lois de la nature. Sans entrer dans des détails sur l'analogie qu'offre l'accroissement des Dicotylés avec celui des Monocotylés, je dirai simplement que j'aimerais autant voir refuser le sang aux animaux que le cambium aux Monocotylés.

MM. Lindley et Poiteau pensent aussi que la théorie de Du Petit-Thouars peut seule expliquer la formation de nouvelles couches ligneuses sous l'écorce des arbres dont le bois a péri par la gelée ; mais on a vu précédemment comment cette formation se rattache à l'une des lois exceptionnelles, qui viennent

---

(1) l. c. — (2) l. c. et dans Palissot de Beauvois, *Mém. de l'Acad. des sciences*, 1811. — (3) *Mém. sur les sèves.* — (4) l. c. — (5) l. c. — (6) *Nova acta Academ. C. L. C. naturæ curiosorum*, 1832, t. I. — (7) l. c. — (8) *Organographie*, t. I. *Physiologie*, t. I. — (9) *An Introduction to Botany.* London, 1832.

se placer à côté des lois générales qui composent la théorie de Grew.

Enfin M. Lindley voit, dans l'accroissement par lignes longitudinales de quelques arbres exotiques, des phénomènes que la théorie de Grew ne saurait expliquer. Quoique cette objection ait plus de force que les deux précédentes, elle est loin d'être incompatible avec l'opinion qu'elle attaque : c'est du moins ce que j'essaierai de démontrer plus tard, et j'ai même quelques raisons de penser que de l'étude des structures anomales opposées aujourd'hui à la théorie de Grew, sortiront des preuves contraires à la doctrine de Du Petit-Thouars.

L'opinion de La Hire et de Du Petit-Thouars sur la formation des couches annuelles des arbres n'est pas moins ingénieuse que hardie, et nul doute que sa simplicité ne l'eût fait adopter de tous les physiologistes, si elle se fût appuyée sur des raisonnements aussi solides qu'ils furent souvent spirituels. Toutefois, cette théorie séduisante est loin d'être complétement rejetée par les esprits sérieux ; des hommes d'un grand mérite, à la tête desquels il faut citer MM. Gaudichaud, Knight, Lindley, l'appuient de leurs suffrages et de savantes observations. Les faits que toute l'habileté de Du Petit-Thouars avait laissés improbables semblent plus près d'être établis ; des faits nouveaux, en apparence favorables à sa doctrine, viennent se grouper autour d'elle, et la juste réputation de M. Gaudichaud ne permet pas de douter que son grand et beau travail, si impatiemment attendu, ne mette de son côté un grand poids dans la balance. Aussi ne puis-je avoir l'intention de réfuter ici des idées qui attendent leur meilleure démonstration de recherches encore inédites (1) ; mais je ne puis m'empêcher de faire remarquer l'élasticité du système de défense de notre célèbre physiologiste Du Petit-Thouars. Ce savant disait, sans parler de l'écorce, que les couches ligneuses étaient formées par l'ensemble des racines des bourgeons ; on objecta que cette théorie n'expliquait point la formation des couches corticales, et, nullement embarrassé, ce savant répondit que les racines des bourgeons les plus extérieures étaient sans doute de la nature de l'écorce. Faisait-on remarquer que les arbres privés de leurs bourgeons et auxquels les feuilles seules étaient laissées produisaient néanmoins de nouvelles couches, et qu'en les dépouillant de feuilles on arrêtait la formation du bois, Du Petit-Thouars niait d'abord, puis, forcé par l'évidence des faits, il modifiait sans difficulté sa théorie, et déclarait que les feuilles pouvaient concourir à la formation des couches ligneuses ; sans doute qu'il se fût doublement applaudi d'avoir donné cette extension à sa doctrine, s'il eût connu le fait signalé par M. Turpin, de l'existence d'un grand nombre de couches ligneuses distinctes dans la betterave, plante munie d'un seul bourgeon. Quelle que fût la difficulté

---

(1) Le travail de M. Gaudichaud, couronné par l'Académie des sciences, qui le fait imprimer dans ce moment

devant laquelle semblait devoir échouer sa théorie, Du Petit-Thouars s'en inquiétait peu ; et pourquoi se fût-il inquiété, n'avait-il pas toujours les *bourgeons latents* en réserve ? Les bourgeons latents, ingénieuse création de l'esprit, inspirée pour la défense d'ingénieuses idées. Espérons que les savants qui adoptent l'opinion de Du Petit-Thouars, renonceront à repousser des faits certains par une supposition gratuite, une pure subtilité, et qu'en particulier ils ne recourront pas aux bourgeons latents pour expliquer la formation de ces couches ligneuses, qui, si M. Dutrochet ne s'est pas abusé dans ses observations, se formèrent pendant plus de quatre-vingt-dix ans sur des souches de pin (*pinus picea*) (1). Que les physiologistes n'oublient pas que Du Petit-Thouars lui-même a qualifié les bourgeons adventifs de *mystérieux* (2), et qu'ils réfléchissent à ce que sont les mystères dans les sciences.

Voici toutefois deux nouvelles objections avec lesquelles les bourgeons mystérieux me semblent dans tous les cas n'avoir rien à faire.

Duhamel, faisant des expériences destinées à vérifier la théorie de Malpighi, détacha des lambeaux d'écorce, qui ne conservèrent d'adhérence avec le tronc que par leur partie inférieure ; des feuilles d'étain, placées entre le tronc et ces lambeaux, les débordaient en haut et sur les côtés, et les isolaient ainsi de toutes parts, excepté à leur partie inférieure

---

(1) Dutrochet. *Collection de mémoires*, t. I, pl. 7.
(2) Du Petit-Thours. *Essai sur la séve.*

qui adhérait au reste de l'écorce (1). Le résultat de l'expérience fut la production de feuillets ligneux, qui vinrent recouvrir presque toute la surface des lambeaux. Ces feuillets ligneux ne se continuaient avec le bois du tronc que par leur partie inférieure, de sorte qu'ils paraissaient avoir monté entre l'écorce et les lames d'étain. Dans la théorie du cambium, les appendices ligneux ne sont réellement point montés du point où ils se continuaient avec le bois de l'arbre; leur organisation a été toute locale, et s'est opérée par le cambium qui se trouvait à la surface interne de l'écorce. Il n'en est pas de même de la théorie de Du Petit-Thouars, pour laquelle ces productions n'ont pu être *qu'ascendantes*. Or, si les couches ligneuses ne sont autre chose que les racines des bourgeons, il faut bien, de toute nécessité, qu'on leur retrouve quelques-uns des caractères propres aux racines ordinaires; une couche de bois ne ressemble guère, il est vrai, à ce que nous sommes habitués à regarder comme une racine, mais ce n'est là qu'une question de formes, à laquelle il ne faut pas attacher trop d'importance. Le caractère physiologique le plus remarquable, le plus constant, qu'offrent les racines, c'est la direction de leurs extrémités vers le centre de la terre, et nous sommes ici en droit d'exiger que les prétendues racines des bourgeons ne manquent pas du caractère essentiel à toute racine; les expériences de Duhamel prouvent qu'elles ne

---

(1) *Physique des arbres*, liv. IV, fig. 50 et 51.

satisfont point à cette condition, puisque des feuillets ligneux se sont formés en se dirigeant vers le
ciel; donc les couches de bois ne sont pas formées
par des espèces de racines qui descendraient des
bourgeons.

Je consignerai à ce sujet un fait curieux que m'a
fait voir M. Neumann, habile horticulteur chargé
de la direction des travaux aux serres du Jardin-des-
Plantes. Le dattier (*phœnix dactylifera*), et quelques
palmiers voisins ont des racines qui se dirigent dans
leur jeune âge vers le ciel, puis s'infléchissent bientôt après pour s'enfoncer brusquement dans la terre.
Je ne pense pas que cette exception, offerte un in-
stant à la direction générale des racines, soit jamais
opposée sérieusement à l'objection que je viens de
présenter à la théorie de Du Petit-Thouars.

L'observation suivante n'est pas moins décisive
que celle qui précède contre la doctrine des bourgeons.

Quand on enlève un très-large anneau d'écorce à
un arbre, et que la plaie est protégée par une enveloppe convenable, une matière mucilagineuse sort
en abondance des extrémités des rayons médullaires, et de dessous l'écorce qui borde la plaie, surtout à sa partie supérieure; vers la fin de l'année la
matière mucilagineuse a disparu; à sa place est une
nouvelle écorce. Du Petit-Thouars nous apprend que
dans ce cas les racines des bourgeons destinées à la
formation de l'écorce ont pris la route des rayons
médullaires, pour venir sortir à la surface du bois

dénudé, et y former une nouvelle écorce. Mais si l'explication est vraie, on devrait trouver dans les rayons médullaires les racines qui les auraient traversés, et je les ai inutilement cherchées sur de jeunes pommiers soumis à mes observations. Peut-être objectera-t-on que les racines ou fibres destinées à former l'écorce auront été résorbées après avoir traversé les rayons médullaires. J'avoue que des faits de cet ordre résultent des nombreuses observations de M. Mirbel, et en particulier des belles recherches de ce savant sur les développements de l'ovule; je sais que les phénomènes de résorption des tissus sont communs en physiologie animale, et je n'ai garde de trouver improbable l'opinion qui rapporterait à un phénomène analogue la disparition des racines des bourgeons du milieu des rayons médullaires. La nature reprendrait ici des éléments devenus inutiles; après s'être servie du moule, elle le casserait; mais des raisonnements tout contraires peuvent être faits, et dans une question que l'observation pouvait résoudre, au lieu de raisonner seulement, j'ai observé.

Il était évident que si des fibres traversaient les rayons médullaires pour constituer la nouvelle écorce, elles devaient y être visibles à l'époque où celle-ci commencerait à se former. En conséquence, j'ai opéré sur un assez grand nombre d'arbres qui ont été sacrifiés successivement pour être soumis à l'examen du microscope, et mes observations ont été répétées d'abord tous les deux jours, puis tous les huit, pendant la période nécessaire à l'organisation d'une nouvelle écorce; les rayons médullaires ne m'ayant rien offert de semblable à des fibres qui les eussent traversés, je puis donc définitivement conclure que les bourgeons n'ont point envoyé de fibres ou de racines pour former la nouvelle écorce.

Les théories de MM. Turpin et Raspail ne sont point suffisamment établies ou adoptées pour que j'aie à les examiner ici, et on sait, en particulier de celle de M. Turpin, qu'elle s'appuyait principalement sur l'absence d'une écorce dans la betterave, fait que M. Dutrochet a démontré être inexact. Quant à la théorie de M. Raspail, si je la trouve présentement inadmissible, je me plais à reconnaître qu'elle se prête de la manière la plus ingénieuse à l'explication d'un grand nombre de phénomènes.

Je terminerai cette thèse en résumant la théorie de la formation des couches concentriques du bois et de l'écorce, telle qu'elle résulte des idées de Grew, de MM. de Mirbel, Dutrochet, Richard, etc., et des considérations nouvelles que j'ai développées.

La théorie de Grew est la loi normale, et je crois avoir établi les lois exceptionnelles.

Loi normale. Le bois et l'écorce sont formés par le *cambium*; ils s'organisent respectivement au contact des couches de même nature qui les ont précédés.

Lois exceptionnelles. Le bois est produit par le cambium et l'écorce.

L'écorce est produite par le cambium et le bois.

APERÇUS DE GÉOLOGIE PALÉONTOLOGIQUE

Suivis d'une considération de Géographie botanique.

seconde thèse.

La Géologie est, sans contredit, l'une des sciences les plus élevées dont s'occupe l'esprit humain, et quoique moderne, déjà elle compte une foule de faits bien observés et des lois solidement établies.

La Géologie a deux bases, la Minéralogie et la Paléontologie ; celle-ci ne se prête qu'à des considérations morphologiques ; celle-là, réunissant les données de la Chimie à celles de la Cristallographie, ajoute les caractères tirés de la composition intime des minéraux à ceux qui se déduisent de leurs formes.

C'est que dans les corps inorganiques, la composition est constante et susceptible d'être ramenée à des formules rationnelles, tandis que les êtres organisés offrent une grande variation dans le rapport de leurs éléments, qui sont rarement réductibles aux formules atomiques dites *rationnelles*.

En effet, s'il est vrai qu'un grand nombre des matières appelées *organiques* puissent être rattachées à la loi des équivalents, il n'est pas moins certain que les substances ORGANISÉES proprement dites échappent en général à cette loi.

La Chimie permet, il est vrai, de distinguer les

restes des végétaux de ceux des animaux, mais la considération des formes suffisant à la même distinction, on voit que la Chimie n'est pas même utile à la Paléontologie sous ce rapport très-général ; toutefois, l'analyse chimique seule pourrait expliquer la nature de certains *détritus* organiques.

Les règles fournies par la Morphologie, précises par rapport aux animaux fossiles, laissent beaucoup à désirer pour la détermination des vegétaux.

C'est que, chez les premiers, les fonctions plus distinctes s'accompagnent d'appareils moins similaires que dans les seconds ; c'est que, parmi ces appareils, il en est de solides aussi bien que de mous, et que si ceux-ci se détruisent dans la fossilification, les autres se conservent.

Les appareils solides des animaux traduisent leurs parties molles, c'est-à-dire, toute l'organisation, et comme la subordination des caractères est bien établie en Zoologie, on conçoit qu'avec un seul os un animal perdu puisse être reconstruit tout entier.

Les végétaux ont aussi des parties molles et des parties solides, mais leur classification reposant exclusivement sur celles-là, les seules bien connues, il a été jusqu'alors impossible d'assujettir la délimitation des espèces fossiles à des règles satisfaisantes ; malgré tout le talent dont ont fait preuve MM. Adolphe Brongniart, Lindley et Hutton, le comte de Sternberg, etc., la distribution des végétaux fossiles ressemble, à certains égards, à celle d'écorces inconnues dans un droguier.

L'anatomie comparée des plantes, si jamais elle existe, pourra seule donner des lois rationnelles à la paléontologie végétale. De grandes difficultés, naissant surtout de l'homogénéité des parties solides, s'opposeront aux progrès de cette anatomie.

Si, en effet, il y a variété dans les formes des parties molles, et unité dans celles du squelette solide, comment pouvoir jamais traduire les premières par les secondes? Toutefois, les phytologistes doivent s'efforcer d'atteindre à des résultats dont aucun n'aura une faible valeur. M. de Mirbel a indiqué la route en disant que les caractères des plantes doivent être tirés à la fois de leur structure intérieure et des organes externes, et il l'a tracée dans son excellent mémoire sur la famille des labiées (1). Mais les progrès de l'anatomie comparée ne demandent pas seulement une étude approfondie de chaque famille naturelle, il faut encore :

1° Étudier les divers organes dans toute la série végétale ;

2° Comparer chaque organe avec tous les autres pour en déduire la subordination des caractères, à laquelle on a peu ajouté depuis l'immortel Laurent de Jussieu.

Les végétaux fossiles les plus anciens appartiennent aux Monocotylédones cryptogames et phanéro-

---

(1) *Annales du Muséum d'histoire naturelle*, t. XV.

games, ainsi qu'à la famille des Conifères, d'où beaucoup de géologues ont conclu que ces groupes représentaient les premières créations végétales.

D'autres géologues ont objecté que la présence exclusive de Conifères, Palmiers, etc., s'expliquait par leur organisation, qui les protége plus longtemps que celle des autres espèces contre les agents de décomposition.

J'arrive à une semblable conséquence par la considération que les Conifères, les Fougères et les Palmiers, ayant tous des racines peu étendues et peu enfoncées dans le sol, les cours d'eau des anciens continents auront dû les entraîner plus facilement dans les lacs, les golfes, etc., que les autres arbres.

Je consigne incidemment ici une déduction que m'a suggérée l'examen des racines des Conifères : Mackenzie a vu ces arbres s'avancer dans les régions polaires sur les bords de la rivière qui depuis porte le nom du savant voyageur, et a constaté que la terre où ils croissaient, restait constamment gelée au-dessous d'une profondeur de 18 millimètres, dans la saison la plus chaude de l'année.

Le plus simple raisonnement prouve que ce qui est vrai des Conifères, dans ces circonstances, doit l'être aussi de tous les autres végétaux, et qu'aucun de ceux-ci ne pourrait vivre sous le cercle polaire, si, abstraction faite de toute autre considération, leurs racines étaient de nature à s'enfoncer profondément dans le sol : jamais on ne trouvera notre luzerne (*medicago sativa*) sur les plages du fleuve Mackenzie. Je tire donc cette conséquence générale :

La nature des racines, qui les porte à prendre telle ou telle direction, est une cause à laquelle est subordonnée l'existence des végétaux dans les pays froids ; les espèces à racines peu profondes pourront y vivre, et la végétation de telle ou telle espèce s'arrétera dès que ses racines tendront à pénétrer au-dessous des limites du dégel.

Cette conclusion paraîtra peut-être de quelque importance pour la philosophie de la Géographie botanique, science encore naissante.

Vu et approuvé par le doyen de la Faculté des sciences,

BIOT.

Permis d'imprimer :

L'inspecteur général des études, chargé de l'administration de l'Académie de Paris,

ROUSSELLE.